到附近的小区和公园走一走，感受一下你周围的环境。

季节		天气		气温	

你知道你所在的地区是什么气候类型吗？

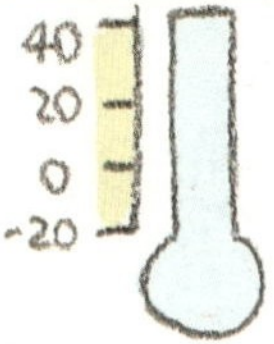

我们在国家公园中会看到各种岩石，你的脚边有没有石头？观察一下：

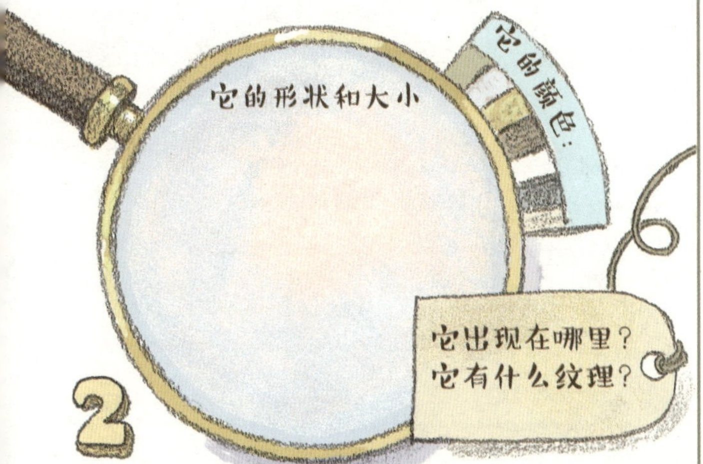

你能找到这些东西吗？
如果找到了，请在“○”里打“√”

一只蚂蚁 ○	白色的花 ○	锯齿形的叶子 ○	一株草 ○	一朵云 ○
鸟巢 ○	蛛网 ○	圆形石头 ○	一只毛虫或蝴蝶 ○	种子 ○
粉色的花 ○	一条蚯蚓 ○	什么都可以！ ○	苔藓 ○	蘑菇 ○
长长的叶子 ○	大大的叶子 ○	松塔 ○	Y形树枝 ○	动物足迹 ○
羽毛 ○	河流或小溪 ○	黄色的花 ○	一阵鸟鸣 ○	扇形树叶 ○

和小伙伴比一比，谁能先将找到的东西连成一条直线或斜线。在户外要注意安全，不要破坏环境哟！

找一块草地，用尺子或脚步量出 1 米 ×1 米大小的范围，在这个范围内进行调查。

你可以记录：一共有多少种植物？土地干燥还是湿润？有昆虫或昆虫的巢穴吗？小石块多还是少？……

国家公园里生活着许多野生动物，它们不喜欢被打扰，人类很难接触到它们。试着观察你身边的一只小动物，它长什么样？

给它画一张肖像吧！

它身上有羽毛吗？	是☐	否☐
它有毛茸茸的尾巴吗？	是☐	否☐
它生活在水里吗？	是☐	否☐
它是从卵里孵出来的吗？	是☐	否☐
它会叫吗？	是☐	否☐
它　　　　　　　　？	是☐	否☐
它　　　　　　　　？	是☐	否☐

答案是！

你可以和其他小伙伴互相提问，猜猜看对方画的是哪种动物。

在家里、超市和菜市场寻找“国家公园”吧！

在国家公园里，我们认识了很多树木，找找生活中的木制品，它们是哪种木头做的呢？

还记得海南的割胶人吗？找找身边的橡胶制品吧！

尝尝小动物们喜欢的食物：

用这张纸制作一本小书吧！

①

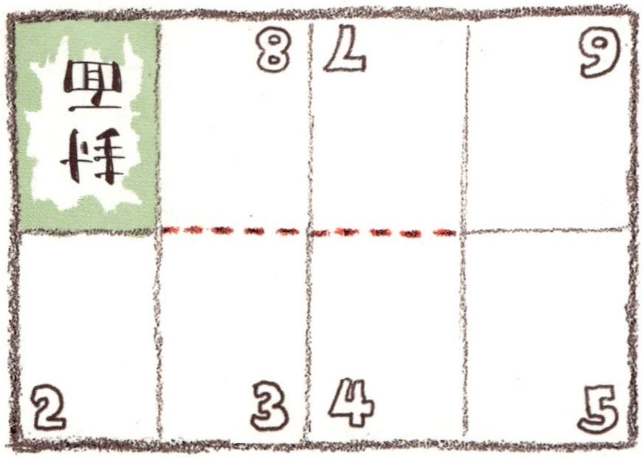

如图所示：

① 先把纸张摆好，封面在左上角

② 按图中所示将纸张折叠

③ 对折后，沿虚线剪开

④ 捏住两边向下折

②

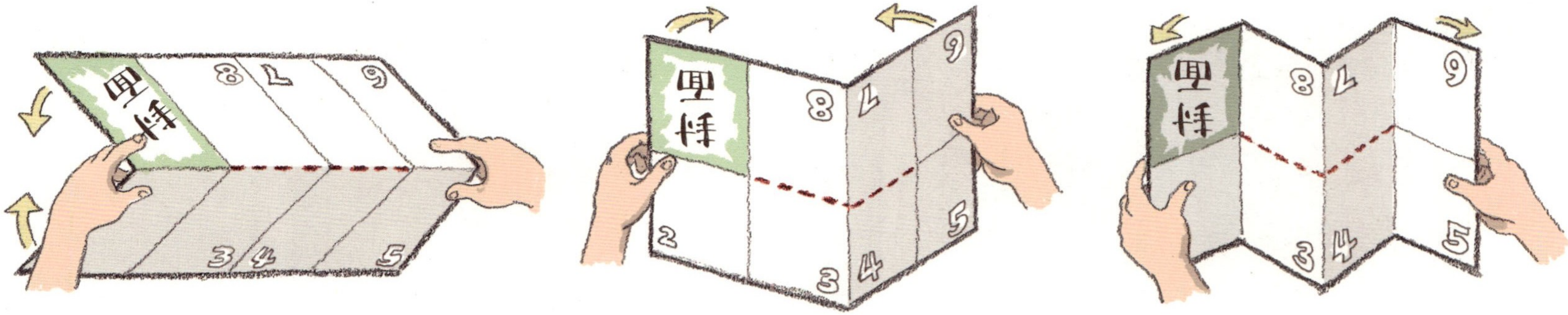

③

一本小书就做好啦!

探索身边的“国家公园”，你可能会用到这些东西:

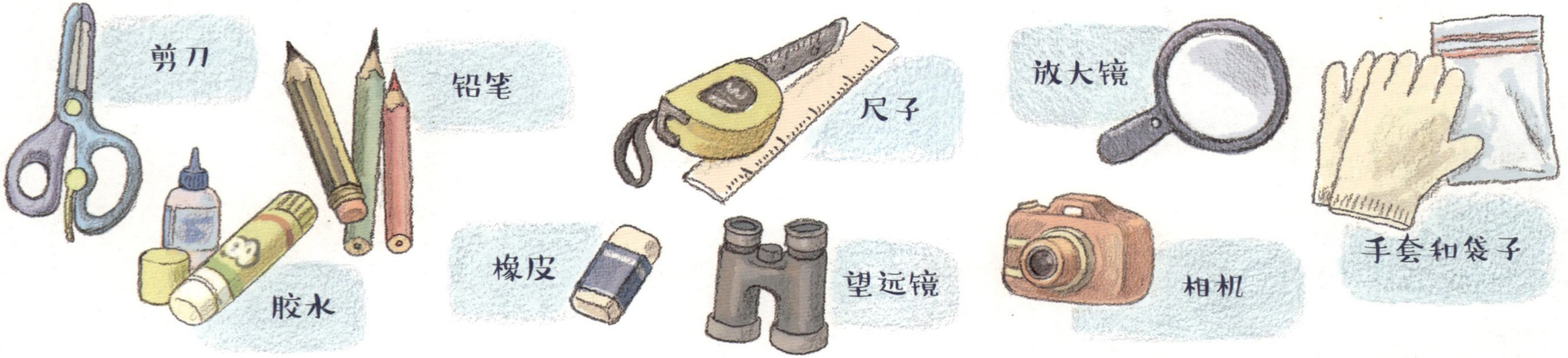

故事的开始

作为一个出生在中原腹地的孩子，我从小并没有见过真正漂在大洋上的“岛屿”，对热带也缺乏想象力。在气候宜人的平原上，一年24个节气精准无比，清明一定会下雨，惊蛰一定会打雷，自然万物岁岁枯荣。可海南岛的气候与此迥然不同。

首先，海南岛四季温差没有那么大。冬季平均气温在20摄氏度左右，夏季平均气温一般不超过30摄氏度。夏秋两季的海南岛还会受到来自海洋的热带气旋的影响。

其次，热带岛屿的动植物似乎对中庸之道十分不屑，它们尽情地长成自己想要的最大、最肥的模样。英国女探险家玛丽·金斯利在她的游记中表达过对热带植物的感受：“这里的生存斗争……不是生物与气候之间的斗争，而是由于植物过剩导致的同类相争。”对此我深有同感，并且十分羡慕这种自由蓬勃、快快乐乐的狂野生长。

作者　2022年5月于北京

中国国家公园

海南热带雨林国家公园

文潇·著　苏小芮·绘

廣東旅游出版社
GUANGDONG TRAVEL & TOURISM PRESS
悦读书·悦旅行·悦享人生

中国·广州

一艘巨大的渡轮，穿越琼州海峡入港了，几节列车车厢从渡轮的肚子里缓缓“吐”了出来，半小时后，列车再次拼装到铁轨上，载着乘客们驶进了车站。海南岛到了。

未来的海峡通道

琼州海峡平均宽度29.5千米，人们一直想建一条跨越琼州海峡的通道。如果建成，火车就可以直接开入海岛，不需要“火车坐船”了。但琼州海峡底部正好在地震带上，再加上海洋气候复杂多变，通道设计复杂，造价高昂，至今也没建成。你有什么好想法吗？

琼州海峡示意图

海南岛处于热带，年平均气温在20摄氏度以上，这里没有分明的四季，从雨水上看，海岛的气候其实可以分为旱季和雨季。大家还记得三江源吗？那里虽然十分荒凉，和热闹的雨林似乎毫无相似之处，但其实它们一样都可以用旱季和雨季来区分季节。

海南热带雨林国家公园示意图

面积：4269平方千米
气候：热带海洋性季风气候
年均气温：22.5摄氏度~26摄氏度
年降水量：1759毫米
海拔：45~1867米

公园范围
主要山脉
主要河流

是什么孕育了一座海岛繁盛的景象？除了合适的气候，还要有淡水河流。如果没有淡水，那么海岛上就只能是一片荒凉。

海南岛非常幸运地拥有100多条淡水河流，它们从岛屿中部的高山上四散流下。海南热带雨林国家公园就在岛中央，岛上的三条大河都从这里发源。沿着海南岛的中部路线，我们就要准备进入热带雨林了。

海南岛的三大河流

“万泉河水清又清，我编斗笠送红军。”歌里的万泉河发源于五指山，在博鳌港入海。地图上还有南渡江和昌化江，看看它们都是从哪个方向入海的！

进入雨林的准备

雨林里没有下雨，但衣服却已经湿乎乎的了。在密林里拿砍刀开路前进，每个角落似乎都有生物在活动。树上吊着黄猄蚁的窝；一身橄榄绿中露出一截猩红色的脖颈，这是微毒的红脖颈槽蛇。海南苏铁展开一片大伞。富含腐殖质的土地上，有水鹿踩踏出的新鲜脚印。遮天蔽日的阴暗角落，要用手电筒才能看个分明。

远处高高的像手掌一样的山脉，是五指山。海南岛的最高峰就在五指山的第二指上，海拔1867米。海南岛是一座火山塑造的岛屿，许多山峰其实是休眠的火山或死火山，数千年乃至上万年过去了，火山口底部已经长满了植被。

进入热带雨林的第一感觉就是雨林里什么都很大！在常年高温湿润的环境里，任何动植物的生命力似乎都旺盛得过了头。

海南巨松鼠比常见松鼠大得多。

和常见蜥蜴相比，这里的蜥蜴是个巨无霸！

雨林里的各种巨型
树叶能砸伤人！
白桫椤的叶子
水椰的叶子
野芭蕉的叶子
海芋叶子被
锚阿波萤叶甲咬出了
许多圆洞。
雨林里的蕨类
海芋的叶子
花盆里常见的蕨类植物

参天大树更是一群巨人，仿佛你待久了，有一刻，它们会突然开口说话。倘若真是如此，我们一定会听到许多巨树正在被慢慢绞杀，在闷热中发出绝望的、微弱的哀呼。

原来，它们身上缠满了绞杀榕的枝条。绞杀榕有无数条垂落地下的“气根”，蛇似的钻入地底，越长越粗。

我们知道，在亚热带武夷山的森林里，光照被不同高度的植物群一层层剥夺，漏到地面的光照所剩无几。与之相比，海南岛热带雨林的植物群更加稠密。苍莽的雨林深处，林下几乎一片黑暗。

而许多巨树处于林冠层，是竞争中的胜利者。为了活下去，高山榕、斜叶榕之类的榕树，学会了借巨树而活，同时绞杀它们。

除了绞杀榕，许多附生兰、蕨类、萝藦科植物也都会长在大树身上，但它们并不会伤害大树。它们的花朵纷纷盛开，引来了采蜜的昆虫，接着又来了捕飞虫的蜘蛛、壁虎与漂亮的海南柳莺，大树的树冠成了热闹的“空中花园”。

海南蜜蜂
华石斛
伏石蕨
蓝凤蝶
球兰
裳凤蝶

海南长臂猿的家也建在大树上，它们从不下地。日出时分，一切刚刚醒来。浩瀚无边的雨林上空，传来了它们嘹亮的鸣声。这是它们问候早安的方式，先是公猿："呜——喂，呜——喂，你在哪里？""呜、呜！噢噢噢噢噢——"母猿回答。

公园监护队队员为了听到猿叫声，特意摸黑起了个大早。但有时天气不好，海南长臂猿心情不好，就不会叫。

刚出生时

雌性长臂猿毛色变化

长臂猿家庭里通常有一只公猿、两只母猿和几只猿崽。猿崽喝奶要喝到一岁半，跟人类很像。它们刚出生时浑身黄毛，慢慢变成黑色，并一直保持到六七岁；尔后，母猿的毛变成更加明艳的金黄色，公猿的毛依旧是黑色的。当母猿的部分毛色开始变黑时，就说明它老了。

几十年前，海南长臂猿从2000只急速减少到10只左右，现在整个雨林渐渐恢复，也仅仅存活着30多只长臂猿。好消息是，它们这几年接二连三地添了宝宝。监护队队员们经常来看望它们，还爬上树梢，安装了红外相机。

长臂猿7岁就算长大了。当一只青春期的小猿学会像爸爸那样嘹亮地呼号时，它就该离开家，找个妻子了。就算它不想走，爸妈也会把它赶走，不让它当“啃老族”。这是因为每个长臂猿家庭都有自己的“家庭领地”，年轻小猿也需要找到一片新的家庭领地。它们会发出猿鸣提醒别家的猿不要随便闯入自己的领地。

海南长臂猿

体形：体长40~50厘米，展臂约170厘米

繁殖：2~3年一胎，一胎一只

家域范围：5平方千米

食物：榕树果、白榄、毛荔枝、木棉花等植物花果和嫩叶，以及飞蚁等少量昆虫

寿命：约30年

上午9点多，长臂猿一家早已用完一顿榕果早餐，而坡鹿才刚刚起床。坡鹿生活在林外阳光灿烂的草地上，悠闲地吃着牧草，轻盈优雅地飞跃河沟。坡鹿几乎没有天敌，除了蟒蛇。

海南坡鹿

海南岛的坡鹿很有名。从前，在某一年的旱季，鹿群快要饿死的时候，很幸运地得到了人们的照顾，从此它们一直被保护到今天。

原鸡

原鸡是所有家鸡的老祖宗，主要生活在热带。

蟒蛇喜欢吃嫩嫩的幼鹿，它不顾母鹿急切的悲鸣，把整只幼鹿吞进了肚子里，蛇身极度变形，肚皮几乎被撑破。据说有一次肚皮真的被鹿角顶破了，蟒蛇就死了。如今，云豹已经从这里销声匿迹，以这种恐怖方式进食的蟒蛇才是顶级捕猎者。

蟒蛇的冬眠期很长，有四五个月，醒来时它饥肠辘辘，就会来一顿大餐。还好蟒蛇一年只吃两顿饭就行了，一只鹿下肚，可以慢慢消化几个月，下顿饭到冬眠前再说吧。

缅甸蟒

1. 鳞片非常漂亮，闪着金属般的光泽
2. 体重动辄几十千克
3. 最害怕人碰它的屁眼

热带雨林里散落着一些黎族村落，他们自古靠雨林生活。热带树木质地坚硬，坡垒、黄花梨都是上好木材，古时候可以做船木，如今可以做昂贵的家具。树皮可以做衣服；房顶可以盖上遮凉的芭茅草；捕到的鱼可以做成美味的“鱼茶”。但传统的刀耕火种、狩猎采集会破坏雨林的生态环境，已经被禁止了。现在当地人在破坏过的地皮上种上了许多橡胶树，靠割胶赚钱。

为了建设国家公园，一些村落需要搬出雨林，当地政府为他们盖了很好的两层小别墅。但村民还是更习惯待在雨林里，于是他们在国家公园里找到了新工作：去当护林员，或者参加监护队。

雨林边缘的河湾处，生长着一片片人工椰林，再远一些，靠近大海的河流两岸，以及潮起潮落之间的滩涂上，生长着大片红树林。红树林长在海水里，必须有一些特别的生存技能。它们学会了最重要的两件事：如何在松软的滩涂中站稳脚跟，以及如何在吸取海水的同时排掉多余的盐分。

海上，遥远的天边阴暗下来，那是一场海上风暴。台风可能会登陆，红树林牢牢地抓住海岸，为海边生活的渔民抵御这可怕的海上风暴。

日落时，大海退潮了，红树林间，一团团古怪的树根露了出来。斑点相手蟹趁潮落时爬出泥穴，大吃特吃红树林的落叶。苍鹭、翠鸟和黑脸琵鹭赶来吃相手蟹。

渔家的小孩和鸭子也跑来赶海了。我们也去玩一玩吧。

苍鹭
人工饲养的海鸭也来找食吃，但它们数量太多了，打破了红树林的和谐。
海里硅藻、甲藻太多，有可能引发赤潮，使海水变混浊，幸好有红树林可以净化海水。
树的根部粘满小牡蛎，可供渔民采摘。
黑脸琵鹭
梭子蟹

每年，东南季风和西北季风轮流吹过海岛，岛上的一切都在日新月异地变化。海南岛以南更为广阔的海域上，还有西沙、中沙、南沙群岛的片片珊瑚礁，以及无数奇异的海洋生物。只有整个海洋健康地循环，海南岛的雨林才能繁茂下去。

中华白海豚海南种群

因哨叫声与其他中华白海豚存在差异，而被认定为独立种群。目前数量超200头。灰色的是幼年海豚，粉白色的是成年海豚。

海岛下幽深的海底，是人类未曾触及的领域，未来有一天，会不会再建一座南海下的“海洋国家公园”，等着我们去探索呢？

文潇
童书创作者。
著有诗歌、童话、科普作品多部。
作品曾入选 2020 年度“中国儿童文学精选”，荣获 2023 年度“冰心儿童图书奖”。

苏小芮
插画师、设计师，中央美术学院建筑学硕士。
参与绘制《中国国家博物馆儿童历史百科绘本》系列（荣获十多项国内大奖），创作《敦煌：中国历史地理绘本》（荣获 2020 年桂冠童书大奖）。

图书在版编目（CIP）数据

中国国家公园. 海南热带雨林国家公园 / 文潇著；苏小芮绘. —广州：广东旅游出版社, 2024.4
ISBN 978-7-5570-3004-9

Ⅰ. ①中… Ⅱ. ①文… ②苏… Ⅲ. ①热带雨林－国家公园－海南－儿童读物 Ⅳ. ①S759.992-49

中国国家版本馆CIP数据核字(2023)第057006号

中国国家公园. 海南热带雨林国家公园
ZHONGGUO GUOJIA GONGYUAN. HAINAN REDAI YULIN GUOJIA GONGYUAN

出版人：刘志松　责任编辑：梅哲坤　责任技编：冼志良　责任校对：李瑞苑

广东旅游出版社出版发行
地址：广州市荔湾区沙面北街 71 号首、二层
邮编：510130
电话：020-87347732（总编室）
020-87348887（销售热线）
投稿邮箱：2026542779@qq.com
印刷：天津海顺印业包装有限公司
（地址：天津市东丽区东丽开发区五纬路 62 号）

开本：889 毫米 ×1194 毫米　1/16
字数：50 千
印张：2.625
版次：2024 年 4 月第 1 版
印次：2024 年 4 月第 1 次印刷
定价：49.80 元

如发现图书质量问题，可联系调换。质量投诉电话：010-82069336

第一辑　三江源国家公园
第一辑　普达措国家公园
第一辑　大熊猫国家公园
未完待续……
第二辑　海南热带雨林国家公园
第二辑　武夷山国家公园
第二辑　东北虎豹国家公园

中国地形三阶梯示意图